XUE KE XUE MEI LI DA TAN SUO

学科学魅力大探索

地理发现之旅

谢登华 编著　丛书主编 周丽霞

草原：绿野千里的画卷

汕头大学出版社

图书在版编目（CIP）数据

草原：绿野千里的画卷 / 谢登华编著. -- 汕头：
汕头大学出版社，2015.3（2020.1重印）
（学科学魅力大探索 / 周丽霞主编）
ISBN 978-7-5658-1731-1

Ⅰ．①草… Ⅱ．①谢… Ⅲ．①草原－世界－青少年读
物 Ⅳ．①S812-49

中国版本图书馆CIP数据核字(2015)第028219号

草原：绿野千里的画卷　　　CAOYUAN：LVYE QIANLI DE HUAJUAN

编　　著：谢登华
丛书主编：周丽霞
责任编辑：汪艳蕾
封面设计：大华文苑
责任技编：黄东生
出版发行：汕头大学出版社
　　　　　广东省汕头市大学路243号汕头大学校园内　邮政编码：515063
电　　话：0754-82904613
印　　刷：三河市燕春印务有限公司
开　　本：700mm×1000mm　1/16
印　　张：7
字　　数：50千字
版　　次：2015年3月第1版
印　　次：2020年1月第2次印刷
定　　价：29.80元
ISBN 978-7-5658-1731-1

前 言

　　科学是人类进步的第一推动力，而科学知识的学习则是实现这一推动的必由之路。在新的时代，社会的进步、科技的发展、人们生活水平的不断提高，为我们青少年的科学素质培养提供了新的契机。抓住这个契机，大力推广科学知识，传播科学精神，提高青少年的科学水平，是我们全社会的重要课题。

　　科学教育与学习，能够让广大青少年树立这样一个牢固的信念：科学总是在寻求、发现和了解世界的新现象，研究和掌握新规律，它是创造性的，它又是在不懈地追求真理，需要我们不断地努力探索。在未知的及已知的领域重新发现，才能创造崭新的天地，才能不断推进人类文明向前发展，才能从必然王国走向自由王国。

　　但是，我们生存世界的奥秘，几乎是无穷无尽，从太空到地球，从宇宙到海洋，真是无奇不有，怪事迭起，奥妙无穷，神秘莫测，许许多多的难解之谜简直不可思议，使我们对自己的生命现象和生存环境捉摸不透。破解这些谜团，有助于我们人类社会向更高层次不断迈进。

其实，宇宙世界的丰富多彩与无限魅力就在于那许许多多的难解之谜，使我们不得不密切关注和发出疑问。我们总是不断去认识它、探索它。虽然今天科学技术的发展日新月异，达到了很高程度，但对于那些奥秘还是难以圆满解答。尽管经过许许多多科学先驱不断奋斗，一个个奥秘不断解开，并推进了科学技术大发展，但随之又发现了许多新的奥秘，又不得不向新的问题发起挑战。

宇宙世界是无限的，科学探索也是无限的，我们只有不断拓展更加广阔的生存空间，破解更多奥秘现象，才能使之造福于我们人类，人类社会才能不断获得发展。

为了普及科学知识，激励广大青少年认识和探索宇宙世界的无穷奥妙，根据最新研究成果，特别编辑了这套《学科学魅力大探索》，主要包括真相研究、破译密码、科学成果、科技历史、地理发现等内容，具有很强系统性、科学性、可读性和新奇性。

本套作品知识全面、内容精炼、图文并茂，形象生动，能够培养我们的科学兴趣和爱好，达到普及科学知识的目的，具有很强的可读性、启发性和知识性，是我们广大青少年读者了解科技、增长知识、开阔视野、提高素质、激发探索和启迪智慧的良好科普读物。

目　录

呼伦贝尔大草原

呼伦贝尔大草原小档案

地理位置：中国内蒙古自治区的东北部，大兴安岭以西。

重要数据：地势西高东低，海拔在650米~700米之间，总面积约9.3万平方千米，天然草场面积占80%，是世界著名的三大草原之一，这里地域辽阔，风光旖旎，水草丰美，有3000多条纵横交错的河流和500多个星罗棋布的湖泊。

少数民族文化的大后台

呼伦贝尔大草原是中国众多少数民族的文化摇篮，悠久的历

史留下许多古迹遗址：既可以参观扎赉诺尔人头骨化石、鲜卑人的旧墟石室，又可以凭吊成吉思汗当年叱咤风云的古战场，还有蒙古族的"那达慕"盛会、鄂温克和鄂伦春民族的篝火晚会、达斡尔族的曲棍球运动以及桦皮工艺、蒙古包里的"哈那画"，还有流传甚广的民歌、民间文学、马头琴说书等，这一切使游人目不暇接，乐此忘彼。

从著名历史学家翦伯赞所著的《内蒙访古》一书，我们知道了呼伦贝尔草原是中国少数民族的摇篮，中国历史上的鲜卑人、契丹人、女真人、蒙古人等，都是在这个摇篮里长大的，又都在这里度过了他们历史上的青春时代，他们都是从这里向西敲打长城的大门，走进黄河流域，走上中国政治历史舞台的。美丽的呼伦贝尔就是中国游牧民族历史舞台的大后台。

最纯净的草原

呼伦贝尔草原天然草场面积占80%，是世界著名的三大草原之一，这里山清水秀，风景如画，素有"绿色净土""北国碧玉"之美称。因为几乎没有受到任何污染，所以又有"最纯净的草原"之说。

每逢盛夏，草原上鸟语花香、空气清新；星星点点的蒙古包上升起缕缕炊烟。一提起呼伦贝尔，人们的脑海中立刻浮现出这样一幅风景画：芳草、鲜花、河流、湖泊、牛羊……这一切，不失为呼伦贝尔特有的自然景色。

呼伦贝尔草原属于温带大陆性气候，属于半干旱区，年降水量250毫米~350毫米左右，冬季寒冷干燥，夏季炎热多雨；年平均温度0℃左右，无霜期85天~155天。冬季的呼伦贝尔是冰和雪的世界，尤其是林区的雪景，玉树琼枝，临风而动，宛若置身童话世界，是冬季运动和旅游的理想去处。每年12月份，呼伦贝尔都举办草原冰雪节，向世界各地的人们发出诚挚的邀请。

美丽的呼伦贝尔草原的一个个坡，一个个谷都是柔和的，舒缓的，那一望无际的草原永远是那样的恢弘、恬静。

天然牧草王国

呼伦贝尔草原是中国目前保存最完好的草原，水草丰美，生长着碱草、针茅、苜蓿、冰草等120多种营养丰富的牧草，有"牧草王国"之称。

微风吹来，牧草飘动，处处都如北朝《敕勒歌》里所说的"天苍苍，野茫茫，风吹草低见牛羊"；蓝天白云之下，一望无际的草原、成群的牛羊、奔腾的骏马和牧民挥动马鞭、策马驰骋的英姿尽收眼底。

延 伸 阅 读

祭敖包是蒙古民族盛大的祭祀活动之一。敖包通常设在高山或丘陵上，用石头堆成一座圆锥形的实心塔，顶端插着一根长杆，杆头上系着牲畜毛角和经文布条，四面放着烧柏香的垫石；在敖包旁还插满树枝，供有整羊、马奶酒、黄油和奶酪等等。其实敖包最早是人们用石头堆成的道路和境界的标志，后来逐步演变成一种祭祀活动。

鄂尔多斯大草原

鄂尔多斯大草原小档案

地理位置：中国境内内蒙古自治区乌海市区50多千米的桌子山东麓。

重要数据：草原长40千米，宽30千米，总面积1200平方千米。

鄂尔多斯大草原属半荒漠草原，核心区是由一个蒙古大包和多个蒙古包组成的蒙古包群，其中189顶豪华蒙古包，4顶超豪华总统套蒙古包和50顶传统蒙古包。在这里既可以欣赏到内蒙古

草原的绮丽风光，也可以到牧民家中领略鄂尔多斯蒙古民族的风情，还可以看到现代畜牧业发展的场景。

草原上的一代天骄

成吉思汗陵坐落在内蒙古鄂尔多斯市伊金霍洛旗甘德利草原上，距东胜区70千米。蒙古族盛行"密葬"，所以真正的成吉思汗陵究竟在何处始终是个谜。现今的成吉思汗陵乃是一座衣冠冢，它经过多次迁移，直到1954年才由湟中县的塔尔寺迁回故地伊金霍洛旗，这里绿草如茵，一派草原特有的壮丽景色，这里是他最终的天堂。

成吉思汗是蒙古族杰出的军事家、政治家，他在统一蒙古诸部后于1206年被推为大汗，建立了蒙古汗国。他即位后展开了大规模的军事活动，版图扩展到中亚地区和南俄。1226年率兵南下攻西夏，次年在西夏病死。至元二年（1265年）十月，元世祖忽必烈追尊成吉思汗庙号为太祖，至元三年（1266年）十月，太庙建成，制尊谥庙号，元世祖追尊成吉思汗谥号为圣武皇帝。至元八年（1271年），忽必烈改国号为"大元"。至大二年（1309年）十二月，元武宗海山加上尊谥法天启运，庙号太祖。从此之后，成吉思汗的谥号变为法天启运圣武皇帝。

鄂尔多斯大草原的响沙湾是游人滑沙、乘骆驼游沙漠的好地方。这里也因为成吉思汗陵墓而驰名天下。

大陆性气候下的草原

鄂尔多斯高原海拔1000米～1500米，属大陆性气候，全市地形大体分为四类：西部为荒漠草原，约占全市面积的24%，著名的阿尔巴斯白山羊就在这个地区。中部是毛乌素和库布其沙漠，是培育发展鄂尔多斯细毛羊的基地，约占全市总面积的40%。东部是沟壑地带，水土流失严重，属旱作农业区，约占全市总面积

的30%。北部是黄河冲积平原，是自治区重要的商品粮基地，约占全市总面积的6%。

鄂尔多斯市地下资源极为丰富，素有"能源宝库"美誉，其主要资源有煤炭，现已探明可开采储量达1200亿吨；天然气，远景储量为1000亿立方米；石膏35亿吨；石灰岩10亿吨；软硬质陶瓷黏土37亿吨；高岭土65亿吨；石英沙4.5亿吨；芒硝储量70亿吨；天然碱储量6000万吨；食盐储量1000万吨。另外有丰富的畜产品资源，全市年产绵羊毛800万公斤，山羊绒60万公斤，畜皮近200万张。此外鄂尔多斯市还有产量可观的世界驰名的甘草、麻黄等药材和独特的旅游资源。

温暖全世界的草原

鄂尔多斯草原最吸引人的当属独特的自然风光，同时并存

有大面积的草原和沙漠，以及上千个大小湖泊。在零星散落的蒙古包映衬下，天空纯净明亮，草地辽阔壮丽，空气清新，牛羊成群，对久居都市的人来说，这一切都是那么遥远而亲切。鄂尔多斯草原，正是镶嵌在这片广阔而神奇的土地上的一颗璀璨明珠！

2003年，内蒙古宏胜达建筑公司着手调研、策划、论证，准备兴建鄂尔多斯草原旅游区，经杭锦旗及锡尼镇人民政府批准，2004年8月初鄂尔多斯草原旅游区正式交付运营。短短两年，鄂尔多斯草原旅游区不仅已经成为享誉中外的特色旅游景区，并且给当地居民带来了无限福音。到目前为止，该景区用于牧民补贴、征地、修路、大本营建设及配套设施、广告宣传、旅游促销、员工培训等共投入资金2000多万元，资金来源全部为企业自筹。

鄂尔多斯以其独特的地理位置、神奇的传说和一句"鄂尔多

斯，温暖全世界"的广告语誉满全球。鄂尔多斯草原以其宽阔的胸怀、一望无际的自然属性和蓝天、绿草、白云、羊群的优美意境吸引了无数中外游客。"天苍苍，野茫茫，风吹草低见牛羊"是鄂尔多斯草原的真实写照。

延 伸 阅 读

蒙古包：是蒙古族牧民居住的一种房子。建造和搬迁都很方便，适于牧业生产和游牧生活。蒙古包呈圆形，有大有小，大者，可容纳600多人；小者可以容纳20个人。蒙古包的架设很简单，一般是搭建在水草适宜的地方，根据蒙古包的大小先画一个圆圈，然后便可以按照圈的大小搭建。蒙古包看起来外形虽小，但包内使用面积却很大，而且室内空气流通，采光条件好，冬暖夏凉，不怕风吹雨打，非常适合于经常转场放牧民族居住和使用。

伊犁草原

伊犁草原小档案

地理位置：中国新疆维吾尔自治区新源县东部，即新源县那拉提镇境内，天山山脉的中天山及其山间盆地。

重要数据：发育于第3纪古洪积层上的中山地草场，温带大陆型气候，面积710多万公顷。

伊犁草原发育于亚洲最大山系之一的天山山脉的中天山及其山间盆地，其北、东、南三面环山，西部开口迎接西来湿润的气流，成为荒漠区中风景这边独好的"湿岛"，促成伊犁草原完整的垂直带谱发育。

自然鹿苑下的草原

伊犁草原气候温和湿润，土壤肥沃。虽然河谷两岸降水量少，但山地上降水多。这里自然条件好，年均温度在8℃~9℃左右，宜牧宜农，从平原到山地分布有荒漠、草原、草甸、灌丛和森林等多种植被类型的草地，游牧文化在这里表现突出。牧民放牧冬天在平原荒漠，春天转移上山，夏天到了高山草地，秋天又开始新的轮回。

缘山脚冲沟深切，河道交错，森林茂密，莽原展缓起伏，松塔沿沟擎柱，还有毡房点点，畜群云移，是巩乃斯草原的重要夏牧场。亚高山草甸植物，由茂盛而绚丽的中生杂草与禾草构成，植株高达50厘米~60厘米，覆盖度可达75%~90%。仲春时节，草高花旺，碧茵似锦，极为美丽。那拉提年降水量可达800毫米，有利

于牧草的生长，载畜量很高，历史上的那拉提草原有"鹿苑"之称。

那拉提风景区位于新源县那拉提镇境内，位于楚鲁特山北坡，以那拉提镇旅游接待站为核心，包括周围草原、赛马场等众多景点。这里充满山村的宁静与祥和。河谷阶地发育明显，山势和缓，坡度约11度~12度，生长着茂盛的细茎鸢尾群系山地草甸。其他伴生种类主要有糙苏、假龙胆、苔草、冰草、羊茅、草莓和百里香等。6月~9月，各种野花开遍山冈，红、黄、蓝、紫，五颜六色，将草原点缀得绚丽多姿。

与新疆其他的草原一样，伊犁的草原不仅与荒漠对峙，而且与雪峰对峙，有一种丰富而复杂的美，多面而立体的美，大包容大深刻的美。

那拉提的由来

传说成吉思汗西征时，有一支蒙古军队由天山深处向伊犁进发，时值春季，山中却是风雪弥漫，饥饿和寒冷使这支军队疲乏不堪，不料翻过山岭，眼前却是一片繁花似锦的莽莽草原，泉眼密布，流水淙淙，犹如进入了另一个世界，这时云开日出，夕阳如血，人们不由得大叫"那拉提（有太阳），那拉提"，于是留下了这个地名。

这里便是现今闻名遐迩的国家级自然保护区——新疆伊犁地区新源县那拉提旅游风景区。2011年1月那拉提旅游风景区已被评为国家5A级景区。

文物奇观的草原

伊犁草原广泛分布的草原土墩墓、神秘多彩的伊犁岩画与粗犷风趣的草原石人，堪称伊犁草原上的"三大文物奇观"。

草原土墩墓亦称乌孙土墩墓，在广阔的伊犁草原上分布着上万座土墩墓，这些土墩墓大都呈半锥体，多数呈南北链状分布，或三五一列，或10多20座一群。

最大者底部周长350米，高20余米。土墩墓封土高大，气势宏伟，令人瞩目。伊犁河南岸分布甚多，保存完好。分布在伊犁的土墩墓群是活跃在伊犁河谷的古代民族的遗存。不仅是伊犁草原上奇特的人文景观，也是了解伊犁古代民族的珍贵文物宝库。

草原石人在水草丰美的伊犁草原上，发现多处大型石雕人像。千百年来，它们屹立在广阔无垠的草原上，经历着风风雨雨，被人们称之为"草原石人"。

这些石人，大都选用整块岩石雕琢而成。从石人的外形来看，有的雕琢了全身像，头部、脸型、身躯都生动逼真，全身穿着的衣服佩饰件件雕刻精细，栩栩如生。有的石人仅仅在一块长圆石上浅刻几条细线，粗略显现出脸部的轮廓而已。

据史籍记载，曾经显赫一时的突厥人曾长期活动于伊犁河谷。突厥人死后，按照他们的习俗要停尸帐前，宰杀马、羊等牲畜祭祀，择吉日殡葬。墓前往往竖立死者石像。据此，散落在伊犁草原上的一尊尊石人，应该是我国古代突厥人的遗物。

延 伸 阅 读

哈萨克族是哈萨克斯坦的主要民族和中国的少数民族，人口1600万。在中国主要分布于新疆维吾尔自治区伊犁哈萨克自治州、木垒哈萨克自治县、巴里坤哈萨克自治县、甘肃省阿克塞哈萨克族自治县，人口125万（2000年）。使用哈萨克语，本民族的文字是以阿拉伯字母为基础的哈萨克语，1959年设计了拉丁字母为基础的新文字方案，1982年这一方案废为音标，并恢复原先的阿拉伯字母。在哈萨克斯坦，使用以西里尔字母为基础的文字，2010年，文字拉丁化也慢慢展开。

甘南草原

甘南草原小档案

地理位置：中国境内甘肃省西南部，南临四川，西界青海，地处青藏高原东北部边缘，东南与黄土高原相接。

重要数据：总面积4.5万平方千米，以高寒阴湿的高寒草甸草原为主，海拔多在3000米以上。

高寒与阴湿下的草原

甘南草原在中国历史、文学和艺术方面都有重要意义。甘南玛曲草原位于甘南自治州西南部的玛曲县，黄河在这1万多平方千米的大草原上，自西南入境，从西北出境，形成九曲中的第一大弯曲。年均降雨600毫米~810毫米，年平均气温4℃，其中夏季平均气温8℃~14℃。

甘南大草原因地高气寒，无霜期很短，不适宜农作物生长，但它广阔无垠，水草丰茂，是天然的好牧场。聚居在草原上的藏族人民，主要从事牧业生产。

草原上的"圣湖"

草原上面积达16.2万亩的尕海湖，是甘南高原藏族人民心目

中的"圣湖"。

尕海湖是甘南第一大淡水湖，是青藏高原东部的一块重要湿地，被誉为高原上的一颗明珠，1982年被评为省级候鸟自然保护区。尕海湖水草丰茂，许多南迁北返的珍稀鸟类在此落脚和繁殖，黑颈鹤、灰鹤、天鹅等珍禽遍布湖边草滩。

关于尕海湖，在当地有许多魅力的故事流传。传说很久以前，在尕海滩这片美丽的草原上，七仙女们轻歌曼舞，采摘野花时，跌落了一颗翡翠，顿时化作碧波万顷、烟波浩渺的圣湖，从此尕海湖就成为滋润尕海草原生灵的源泉。还有传说尕海湖是女神的化身，是亚洲一大山神之臣的妻子、水龙王的女儿。当初山神派大臣来管辖这片草原，使尕海这处草原水草肥美、生灵兴旺，大臣之妻、水龙王的女儿勒加秀姆对这片草原情有独钟，产生了深深的眷恋之情，故后来大臣离去之时，水龙王的女儿舍夫恋地而留在了这里，化作一汪清泉，滋润着尕海草原的万物生灵，这就是现在的尕海湖，群众亲昵地称其为"勒加秀姆"。群众把该湖称为"圣湖""圣水"，意思是说尕海这片草原已神灵化了，"勒加秀姆"的血液（即湖水）已渗透到尕海草原的山山水水。任何人都不能污染湖水、滥挖草原，干任何损害草原生态的事情就是对神灵的伤害，是要受到惩罚的。

尕海湖，像一颗璀璨的宝石，在夏秋时节，这里草长莺飞、野花烂漫、蝶飞蜂舞，构成一幅美丽的画卷。

具有浓郁藏族风情的草原

甘南州地域辽阔，历史悠久，境内文物古迹众多，自然风光独特，因少数民族聚居，而风土人情各异，旅游资源非常丰富。这里的旅游资源主要集中在夏河、合作、碌曲和玛曲，以藏族民俗风情、藏传佛教文化建筑和草原风光为主。在辽阔的甘南草原上，牛羊斑斑点点，帐篷上炊烟袅袅，马背上牧歌飘荡，游人可穿上藏族服饰，骑上骏马或者牦牛，信步漫游草原，尽情领略藏族牧民的民俗风情。

桑科草原历来是藏族人民的天然牧场。每到夏季，草场碧绿如毯，各色花卉争奇斗妍，绚丽多彩，也是一处适合草原旅游、避暑的胜地，更是体验藏族游牧生活、回归自然的理想场所。

在草原上具有浓郁的藏族风情和宗教色彩节目，如插箭节、耍坝子、赛马节等节日，体验在草原上和当地妇女跳锅庄剪羊毛等浓郁的生活场景。尤其一个偏僻阿万仓小镇上康巴汉子的剽悍俊朗和类似美国西部的野性气息让人最是难忘。

甘南草原的诱惑不只来自草原，更在于那浓郁的藏族风情。蓝天与草原呼应，牧民与牛羊相伴，心灵与佛国相依，地域风情与美景同是诱惑。在这里，不仅是为看景，也是因为心灵保持得如此纯净古朴，信仰保持得如此虔诚率真，唯有甘南草原的香巴拉——神仙居住的地方。

延 伸 阅 读

桑科草原位于甘肃省甘南藏族自治州夏河境内，距夏河县城拉卜楞西南10千米，有公路直通。桑科草原属于草甸草原，平均海拔在3000米以上，草原面积达70平方千米，是甘南藏族自治州的主要畜牧业基地之一。这里仅有4000多牧民，草原却辽阔无际，是一处极为宝贵的自然旅游景区。

丰宁坝上草原

丰宁坝上草原小档案

地理位置：中国河北省丰宁满族自治县西北部。

重要数据：总面积350平方千米。

丰宁坝上草原又名丰宁京北第一草原，南距北京285千米，是距首都最近的天然大草原，故名京北第一草原。

避暑休闲的后花园

北京人最早发现大滩是在12年前，前往坝上摄影创作，那时候的大滩还是个荒凉贫穷的小镇，来旅游的人们也只能借宿在老乡家中。此后络绎不绝的游客给小镇带来了繁华，因为旅游便有了星罗棋布的蒙古包、草原木屋、欧式别墅，便有了夜晚的篝火、蒙古风情的民族舞蹈，便有了滑草、骑马、射箭等旅游项目。即便是草原农家，也由原来的茅草屋变成了现在红砖金瓦的大院。

近年来，大滩渐渐代替了怀柔、密云，成为北京人避暑休闲的后花园。今天，被誉为"京北第一草原"的坝上，上至鹤发老人，下至英姿少年，恐怕已很难有人不认"奔驰""宝马""富康""桑塔纳"的了。这里洼水清澈，青草齐肩，黄羊成群，生态环境优良。

大陆季风型高原气候下的草原

蒙古语称此地为"海留图"，意为水草丰茂的地方。平均海拔1487米。置身高地仰望，似有天穹压落，云欲擦肩之感。放眼沼泽，滩地组成的旷垠原野，氤氲流云，庶草摇曳，繁花铺地，禽鸟飞鸣，骏马奔驰。这里属大陆季风型高原气候，春秋时短，干燥少雨；冬季偏长，严寒多风；夏季无暑，清凉宜人。7月份平均气温17.4℃，一年中最高气温不过24℃。

自然资源十分丰富。供观赏的众多花草中，5月的金针花，6月的野罂菜，7月的干枝梅，8月的金莲花，备受人喜爱。每年端

午节前后，百灵鸟在花草中产卵孵化，这时是捕捉百灵的最好时节。10月，成百上千的南徙大雁在这里短栖。野兔、鼹鼠、狐、豹等草原动物，经常在坡地草丛中出没。

坝上的特色活动与美食

坝上独有的活动有草原歌舞、酥油抹额、摔跤、草原火神节等，美食方面主要有烤全羊、坝上草原涮羊肉、马奶酒、蕨菜、坝上土豆、坝上口蘑、莜面等风俗口味，所以从吃和玩耍方面都可以体现出草原居民的豪迈风格。

在众多活动和美食中，尤以草原歌舞和莜面特为突出。草原上的民族是中国北方的游牧民族，从事畜牧狩猎生产。由于长期生活在草原的地理环境和气候条件下，自古以来崇拜天地山川和雄鹰图腾, 因而形成了草原名族舞蹈浑厚、含蓄、舒展、豪迈的特点。草原民间舞蹈主要有以下几种: 一是盅碗舞。盅碗舞一般为女性独舞, 具有古典舞蹈的风格。舞者头顶瓷碗, 手持双盅, 在音乐伴奏下, 按盅子碰击的节奏, 身体或前进或后退, 意在表现蒙古族妇女端庄娴静、柔中有刚的性格气质。舞蹈利用富有蒙古舞风格特点的 "软手" "抖肩" "碎步" 等舞蹈语汇, 表现盅碗舞典雅、含蓄的风格。兴安盟民间流传的盅碗舞, 舞姿质朴简单, 没有严格的规律动作。

莜面是坝上的主食之一。口外三宗宝, "三药、莜面、大皮袄" 的俗语道出了坝上人对莜面的特殊情感。莜面食品也是坝上地区特有的食品。莜面是由裸燕麦 (俗称莜麦) 加工而成的面粉。在华北、西北地区称为莜麦, 云贵地区称为香麦, 属高寒作物。坝上是莜麦的重要产区, 千百年来广为种植, 麦粒通过筛选、清洗熟化后可制成麦片、莜麦面粉等, 是当地人喜好的食

品。莜面的制作工艺比较复杂，有窝窝、鱼鱼、囤囤等几十种做法，最有功夫的要数推莜面窝窝。就是将和好的面，取三两左右，背在右手背上，用食指和中指掐一个小面球，用右手手掌在光滑的容器上推成特别薄的面片，再用左手食指将其卷起并套在食指上竖着放入笼屉中，这样一个一个连续地把它们摆放好，就像蜜蜂的蜂窝，快频率的动作与程序，更像是一种艺术表演，让人大开眼界。莜面的加工流程在诸多粮食食品加工中极为罕见，所以它不论薄如纸张的"窝窝"，还是细如粉丝的"鱼鱼"，蒸熟后的特殊味道可从室内传到院子里。热气腾腾的莜面配上羊肉蘑菇或鸡蛋汤、油呛辣椒、老陈醋，一根葱或一头蒜就食，那真是难得的口福。

延 伸 阅 读

坝上草原口蘑：它一般生长在海拔800米~1500米的深山峡谷，白蘑菇是纯天然的食用菌，无任何污染，有独特的风味，含有蛋白质，八种氨基酸，谷物中一般所缺乏的赖氨基酸，在白蘑中含量极其丰富，赖氨基酸有利于儿童体质和智力的发展，它含有多种矿物质，以磷、钠、钾含量最高，野生白蘑其营养价值达到"野生食品的顶峰"，被外国专家推荐为"十大健康食品"之一。

贡格尔草原

贡格尔草原小档案

地理位置：克什克腾旗境内，在达来诺日镇东部，距经棚镇35千米。

重要数据：总面积480万亩。

贡格尔草原是一个集自然风光、民族风情、人文景观、名胜古迹与草原文化于一体的旅游、观光圣地，也是摄影爱好者的最佳摄影地。400多年来，各族人民在一起和睦相处共同进步，培育出不可多得的人文资源，从衣食住行到传统的歌舞，无不带有浓厚的传统色彩和地方色彩。

野阔牛羊同雁鹜

贡格尔草原之美，美在"野阔牛羊同雁鹜"。这里水草丰美，风光秀丽，景色宜人，雄浑壮阔，草原如茵似毯，野生动植物繁多，河流牵沼串泊，查干突河、项格尔河绕贡格尔草原而过。似戴在草原上的翡翠项链，为青青的草原平添秀色。每到春天来临的时候，这里绿草如茵，草丛中五颜六色的小野花，把一片大草原点缀得如诗如画。

每年6月~10月，广袤的草原碧草连天，鲜花遍野，河水清澈、百鸟欢唱，因此，贡格尔草原被人们称为"自然花园"。在这时，来到这个美丽的地方，置身在这天上人间般的大花园里，

　　尽情地享受大自然的恩赐，远离城市的喧嚣，远离生活的繁杂，让身体和心灵在纯净的草原上舒展开来，向遥远的天边升华。

　　据当地人介绍，草原的四季景色不同：春天的草原，绿草青青，近水之地，到处是蒲莲，到处是黄花，叶早荫，花早放，姹紫嫣红，馥郁芳香，丹顶鹤、白天鹅、大雁等候鸟大批集合在这里；夏日的草原，碧草连天，蓝天白云，百花盛开，无拘无束地铺成了花的海洋，湖泊水色犹如天池倾泻；秋天的草原，秋风乍起，天似穹庐，白云朵朵，似明镜般清澈；冬季的草原，远山近地，一片银白，极目远望，原野茫茫，让人有超凡脱俗的感觉。

真是四季景不同，四季有美景。

茫茫草原上鲜花绿草，蓝蓝的天空上飘浮着白云，散漫的牛羊在游荡，河水在静静流淌……人类与大自然默默相融，这就是贡格尔草原之美。

阿斯哈图冰川石林

贡格尔草原是容易让人忽略草原本身的地方。因为，这片草原的腹地或周边分布着达里诺尔湖、红皮云杉林、白色敖包、阿斯哈图石林等著名的旅游景观。其实，那些美丽的地方本身就是草原的一部分，就是这片土地的一部分。

阿斯哈图石林位于内蒙古赤峰市克什克腾旗境内的大兴安岭主峰——黄冈峰以北40千米的北大山上。面积相当大，分为四个相对独立的景区，各区相距都不近，其中一区是面积与规模最大的，阿斯哈图石林最大型的岩石景观基本都集中在这里。

阿斯哈图石林主要是由冰盖冰川的创蚀、掘蚀和冰川融化时形成的大量冰川融水的冲蚀作用下产生的，所以叫"冰川石林"。冰石林由片状花岗岩堆积而成，层次分明，景色十分壮观，据说至今在世界范围内还是首见。

穿行于安静的石巷中，感到自己的渺小而孤寂，可是想象力却无限扩张，仿佛所有石头都活了起来。当地百姓看得久了，看出名堂，于是石林中便有了成吉思汗拴马柱、神剑石、南天门、神女石、姐妹石、世贸大厦等名称。

恬静的达里诺尔湖

贡格尔草原上湖泊众多，大小湖泊达20多个，达里诺尔湖是其中最大的一个，也是内蒙古境内的第二大湖。

达里诺尔湖是内蒙古四大内陆湖之一。被称为"百鸟乐园"，也享有我国第三大天鹅湖的美誉。它位于贡格尔草原西南部，距离克旗政府所在地经棚镇90千米。达里诺尔汉译"像大海一样宽阔美丽的湖"，古称"鱼儿泺""捕鱼儿湖""答尔海子"等。湖周长百余千米，呈海马状，湖周围草地缓升，百里际天，仅东南角地势下沉，曼陀山斜横而出，视为屏障。达里诺尔湖还有岗更诺尔和多伦诺尔湖两个姊妹湖，亮子河、贡格尔河、沙里河宛若引线一样将三个湖泊穿在一起。

延 伸 阅 读

巴彦敖包红皮云杉林坐落在贡格尔草原的东北部，这样的沙地原始红皮云杉林世所罕见。1981年被列为自然保护区，是世界上仅存的两处红皮云杉生长地之一，有"神树""活化石"之称。红皮云杉树冠尖塔形，大枝平展或稍斜伸。小枝上有明显的木针状叶枕；球果卵状圆柱形或长卵状圆柱形，长5厘米~8厘米，熟后绿黄或褐色。

科尔沁草原

科尔沁草原小档案

地理位置：位于西拉木伦河西岸和老哈河之间的三角地带。

重要数据：西高东低，绵亘400余千米，面积约4.23万平方千米。

科尔沁，蒙语意为著名射手。在古代，是成吉思汗二弟哈布图哈撒尔管辖的游牧区之一，位于内蒙古东部，在松辽平原西北端，包括整个兴安盟和通辽市的一部分地方。科尔沁草原西与锡林郭勒草原相接，北邻呼伦贝尔草原，地域辽阔，资源丰富。

原始草原风情

科尔沁草原又称科尔沁沙地，沿用古代蒙古族部落名称命名。地处于西拉木伦河西岸和老哈河之间的三角地带，西高东低，绵亘400余千米，面积约4.23万平方千米。属中国内蒙古自治区赤峰市的翁牛特旗、敖汉旗与通辽市的开鲁县、通辽市和科尔沁左翼后旗、奈曼旗、库伦旗辖区，该地区是以蒙古族为主体，汉族为多数的多民族聚居区。

科尔沁草原不仅地域辽阔，其地貌特征多样化和蒙古民族传统民俗文化，无论从自然和人文的角度，都是丰厚的摄影资源，一年四季均为摄影创作者提供了良好的空间。

科尔沁草原历史上水草丰美，是蒙古民族逐水草而居的天然牧场。随着时代的变迁，人类活动频繁，科尔沁草原南部辽河两岸已成为万顷良田，"天苍苍，野茫茫，风吹草低见牛羊"，那诗情画意般的场景，已演变为历史。然而，在科尔沁草原北部通辽市扎鲁特旗和霍林河市境内仍然有一处保留得十分完整的原始草原，它北依大兴安岭，西连锡林郭勒草原，地貌特征既有浅山丘陵，疏林草地，又有冲积平原，更有山地平台，无数条弯弯曲曲的小河宛如玉带游动其间，每年夏季牧民从村落迁徙到小河两岸，立包为营，放养牛羊，当地牧民把这里称之为"夏营地"。七、八月份是草原摄影最佳时节，蓝天白云，碧草绿茵，潺潺流

水，座座毡房和漫散的牛羊构成一幅彩绘的画卷。特别是水丰草茂的平川，牧民更是相拥而至，蒙古包接连不断，清晨与傍晚，蒙古包升起的缕缕炊烟，牧归的畜群，日出与日落映红天边的云霞都是摄影的好题材。如果您身临其境，将真正领略科尔沁草原的魅力韵味和神奇。

丹枫秋叶多姿多彩

通辽有两个自然保护区，即位于科左后旗境内的大青沟国家级自然保护区和位于扎鲁特旗境内的特金罕山自然保护区。大青沟是科尔沁沙地的又一特殊地貌构成的自然奇观，沟深约100米，宽200米~300米，长24千米，总面积8300公顷，沟底沟上和V型断面上生长着700余种植物。科尔沁草原，堪称天然植物宝库，其沟深林密的原始生态保存十分完好，不仅是避暑观光的旅游胜地，更是摄影爱好者的好去处。枫树是青沟众多树种中数量多最为密集的树种，每年霜期来临，沟上沟下以枫叶为主调，赤橙黄绿，异彩纷呈，如诗如画，美妙神奇。

扎鲁特旗境内的"特金罕山自然保护区"的"蒙古栎"白桦林和罕山秋色也是摄影的一个亮点，蒙古栎是生长在科尔沁的一个独特树种，它与枫树一样霜期来临色彩斑斓，特别在山地草原，错落有致，画面富有层次感。罕山秋天的美丽还在于其地貌的多样化。既有大兴安岭秋林色彩的厚泽，又有坝上清远之神采，特别是九月下旬，几十万牲畜大迁徙，如云雾、如潮水，与金秋美景相融，其景、其势蔚为壮观。罕山的秋天被当地影友称为摄影的天堂。

中国摄影胜地

科尔沁草原是一块摄影胜地。罕山杜鹃是兴安杜鹃的一个种类，生长在扎鲁特旗罕山，此处山陡林密，生态原始，是獐狍野鹿、野猪的生存乐园。每年五月，山坡北侧漫山杜鹃竞相开放，白桦林间红团似锦，如火如荼，场面瑰丽壮美，无论是其生态还是其场景，都是摄影佳境。它无疑为科尔沁草原弥补了春的遗憾。科尔沁的冬天是摄影人的又一个天地，特别是扎鲁特旗阿拉坦大坝以北至霍林郭勒市境内，大雪来临，银装素裹，玉境琼山，成为圣洁的世界，大雪覆盖的大地，仍有牧羊人放牧的场景，偶尔也能见到冬季未迁走的蒙古包，为摄影提供了好的素材。2002年10月，科尔沁草原风景区被中国摄影家协会命名为"中国摄影创作基地"，是东北、华北第一家。

延 伸 阅 读

资料显示，科尔沁草原已经出现了4800多万亩沙地，占通辽市总面积的50%以上，沙漠面积600万亩，并且每年以十几米的速度向外扩张。科尔沁沙地位居我国四大沙地之首，总面积1.8亿亩，跨内蒙古、吉林、辽宁三省区。通辽市位于科尔沁沙地腹地，占该沙地总面积的52.7%。

欧亚大草原

欧亚大草原小档案

地理位置：自欧洲多瑙河下游起呈带状往东延伸，经东欧到中亚，直达我国西北地区。

重要数据：绵延8000余千米，总面积约1.5亿公顷，是地球上最辽阔的温带草原。

欧亚大草原也称斯太普草原，现在泛指欧亚大陆。地势平坦开阔、排水良好，春季无水漫现象，以草本植被为主要植被的地区。欧亚大草原面积广阔，自欧洲多瑙河下游起，呈带状往东延

伸，经东欧到中亚，直达中国西北地区，绵延8000余千米，总面积约1.5亿公顷，是地球上最辽阔的温带草原。

悠久的丝绸之路

丝绸之路通常是指欧亚北部的商路，与南方的茶马古道形成对比，西汉时张骞出使西域开辟的以长安（今西安）为起点。往西一直延伸到罗马。在通过这条漫漫长路进行贸易的货物中，以产自中国的丝绸最具代表性，"丝绸之路"因此得名。丝绸之路不仅是古代亚欧互通有无的商贸大道，还是促进亚欧各国和中国的友好往来、沟通东西方文化的友谊之路。

从西方到东方丝路在元朝之后的逐渐不受注意后，间接刺激了欧洲海权兴起，马可·波罗的中国游记刊行后，中国及亚洲成为许多欧洲人向往的一片繁荣富裕的文明国度。西班牙、葡萄牙国家开始企图绕过被意大利和土耳其控制的地中海航线与旧有的丝绸之路，要经由海路接通中国，并希望能从中获得比丝路贸易更大的利润。一些国家也希望将本国的所信仰的宗教传至东方。

正如"丝绸之路"的名称，在这条逾7000千米的长路上，丝绸与同样原产中国的瓷器一样，成为当时一个东亚强盛文明的象征。丝绸不仅是丝路上重要的奢侈消费品，也是中国历朝政府的一种有效的政治工具：中国的友好使节出使西域乃至更远的国家时，往往将丝绸作为表示两国友好的有效手段。并且丝绸的西传也少许改变了西方各国对中国的印象，由于西传至君士坦丁堡的丝绸和瓷器价格奇高，令相当多的人认为中国乃至东亚是一个物产丰盈的富裕地区。各国元首及贵族曾一度以穿着用腓尼基红染过的中国丝绸，家中使用瓷器为富有荣耀的象征。此外，阿富汗的青金石也随着商队的行进不断流入欧亚各地。这种远早于丝绸的贸易品在欧亚大陆的广泛传播为带动欧亚贸易交流做出了贡献。

世界上面积最大的草原

欧亚草原是世界上面积最大的草原。自欧洲多瑙河下游起，呈连续带状往东延伸，经东欧平原、西西伯利亚平原、哈萨克丘陵、蒙古高原，直达中国东北松辽平原，东西绵延近110个经度，构成地球上最宽广的欧亚草原区。根据区系地理成分和生态环境的差异，欧亚草原区可区分为3个亚区：黑海——哈萨克斯坦亚区、亚洲中部亚区和青藏高原亚区。

栖息在草原上的动植物

占据俄罗斯和蒙古大片地带的欧亚草原在许多方面类似北美洲草原，因此栖息着许多类似的动植物。针茅属各个种支配着大部分地区的植物，在各处与其他禾草相混，其中主要是羊茅属和冰草属。啮齿动物的进食和穴居活动对植被的维持和组成是重要的，这些啮齿动物种类包括大型旱獭，还有各种田鼠和其他较小种类。在蒙古有一种田鼠可在几年里消耗极高比例的植被，因而几乎把草原栖地退化为沙漠。

欧亚草原动物区系很丰富，在整个欧亚大陆草原上广泛分布着的野驴、黄羊等野生动物。

由低温旱生多年生草本植物（有时为旱生小半灌木）组成的植物群落，是温带半湿润地区向半干旱地区过渡的一种地带性植被类型。在欧亚大陆，草原植被自欧洲多瑙河下游起，呈连续的

带状东伸，经罗马尼亚、苏联和蒙古，直达中国，构成世界上最宽广的草原带。植物以丛生禾本科为主，如针茅属、羊茅属等。此外，莎草科、豆科、菊科、藜科植物等占有相当比重。

在草原植物中，旱生结构普遍存在，如叶面缩小、叶片内卷、气孔下陷等；植物的地下部分发达，其郁闭程度常超过地上部分。多数植物根系分布较浅，集中在0~30厘米的土层中。植物的发育节律与气候相适应，季相明显，以营养繁殖为主。就生活型而言，以地面芽植物为主。虽然各地组成草原的植物种类差异很大，但针茅属植物普遍，特别在欧亚草原植被中表现更为明显。

延 伸 阅 读

旱獭又名土拔鼠，草地獭，属哺乳纲，啮齿目，松鼠科，旱獭属，又叫哈拉、雪猪、曲娃（藏语）。是松鼠科中体型最大的一种，是陆生和穴居的草食性、冬眠性野生动物。四肢短粗，尾短而扁平。体背棕黄色，广泛栖息于省内高原草甸草原，山麓平原和山地阳坡下缘为其高密度集聚区，过家族生活，个体接触密切。洞穴有主洞（越冬）、副洞（夏用）、避敌洞。主洞构造复杂，深而多口。有冬眠性，出蛰后昼间活动。

东欧平原

东欧平原小档案

地理位置：欧洲东部，世界上第二平原之一。

重要数据：面积约为400万平方千米，平均海拔170米。

东欧平原位于欧洲东部，世界上第二平原之一，其范围北起北冰洋，南至黑海、里海之滨；东起乌拉尔山脉，西至波罗的海，近400万平方千米广大区域，平均海拔约170米。东欧平原大

部分在俄罗斯境内，因此又称为俄罗斯平原。它是欧亚草原，尤其是钦察荒原的延伸。

温和大陆性气候的平原

平原属温和的大陆性气候。伏尔加河为流经本区的主要河流。自然环境具有显著的地带性，自北而南可分为苔原、森林苔原，针阔叶混交林、森林草原、草原、半荒漠与荒漠等自然带。大部分地区地处北温带，气候温和湿润。西部大西洋沿岸夏季凉爽，冬季温和、多雨雾，是典型的海洋性温带阔叶林气候。东部因远离海洋，属大陆性温带阔叶林气候。东欧平原北部属温带针叶林气候。北冰洋沿岸地区冬季严寒，夏季凉爽而短促，属寒带苔原气候。南部地中海沿岸地区冬暖多雨，夏热干燥，属亚热带地中海式气候。

大陆性气候是地球上一种最基本的气候型。其总的特点是受大

陆影响大，受海洋影响小。在大陆性气候条件下，太阳辐射和地面辐射都很大。所以夏季温度很高，气压很低，非常炎热，且湿度较大。冬季受冷高压控制，温度很低，也很干燥。冬冷夏热，使气温年变化很大，在一天内也有很大的日变化，气温年、日较差都超过海洋性气候。春季气温高于秋季气温，全年最高、最低气温出现在夏至或冬至后不久。最热月为7月，最冷月为1月。

平原的演变由来

东欧平原在构造上属于俄罗斯陆台的一部分，在前寒武纪基底上覆盖了厚薄不一的自古生代至今的地层，基本上呈水平分布。在地形上是一个广大平缓而稍有微波起伏的丘陵性大平原，丘陵性高地与面积不大的低地相互交错。平均海拔高度175米，最高463米（提曼山），但大部在200米以下，只有东南部里海沿岸低地在海平面以下，为海积平原。在第四纪冰期时，东欧平原

曾遭到四次冰川侵袭，冰川活动是形成东欧平原现代地貌的主要原因之一。北部和西北部以冰川侵蚀地貌为主，地表起伏不平，多湖沼；中部为主要冰碛区，冰碛丘陵间夹有沼泽低地；南部为冰水沉积区，多泥沙质平原，地势较平坦，冲沟、坳沟、阶地较发育。看来东欧平原现代地貌的形成中既有侵蚀也有沉积。

地质构造上曾先后受四次冰期的影响，冰碛地貌十分发育。平原北部有几条东北西南走向的终碛垄，瓦尔代高地即由终碛垄演化而成。冰碛丘陵之间，广布洼地、沼泽地。

此外蛇形丘、鼓丘、冰碛埠等冰碛地貌也很普遍。平原南部地形较平坦。以流水侵蚀作用为主，冲沟平谷地貌比较发育。平原北部有几条东北西南走向的终碛垄，瓦尔代高地即由终碛垄演化而成。冰碛丘陵之间，广布洼地、沼泽地。此外蛇形丘、鼓丘、冰碛埠等冰碛地貌也很普遍。

　　丘陵性高地与低地交错分布，平均海拔约170米。平原北部广布冰川地形，有瓦尔代丘陵等典型的冰碛丘陵和冰水平原；南部流水地貌发育，黑海沿岸有干旱地貌。东欧平原的平均海拔虽然只有170米，但平原上既有许多海拔300米以上的丘陵（如中俄罗斯丘陵、伏尔加丘陵等），也有低于洋面的里海低地。由于地形波浪起伏，面积广大，各地的气候并不相同，动植物分布的差异也很大。从北向南，依次是严寒的苔原带、比较寒冷的森林带、气候适中的森林草原带、最南边的草原带。其中森林带占了平原总面积的一半以上。平原上有伏尔加河、顿河和第聂伯河等著名的大河。

草原上丰富的矿藏资源

草原上的矿藏丰富，有世界著名的顿巴斯煤田、库尔斯克和克里沃罗格铁矿区、尼科波尔锰矿区、第二巴库油田。俄罗斯东欧部分、爱沙尼亚、拉脱维亚、立陶宛、白俄罗斯、乌克兰等国都在这片波状平原上。

矿物资源以煤、石油、铁比较丰富。煤主要分布在乌克兰的顿巴斯、波兰的西里西亚、德国的鲁尔和萨尔、法国的洛林和北部、英国的英格兰中部等地，这些地方均有世界著名的大煤田。

石油主要分布在喀尔巴阡山脉山麓地区、北海及其沿岸地区。其他比较重要的还有天然气、钾盐、铜、铬、褐煤、铅、锌、汞和硫黄等。阿尔巴尼亚的天然沥青全世界著名。

延 伸 阅 读

斯拉夫民族发源于今波兰东南部维斯杜拉河上游一带，于西元1世纪开始向外迁徙，至6世纪时期居地已经遍布东欧以及俄罗斯地区。居住地的不同，斯拉夫民族可分为东、西、南三支，其中东支只分布于俄罗斯境内；分布在东欧各地者以西南两支为主。

潘帕斯草原

潘帕斯草原小档案

地理位置：在拉普拉塔平原的南部，包括阿根廷东部、巴西南部等地区。

重要数据：面积约76万平方千米。

潘帕斯草原位于南美洲南部，阿根廷中、东部的亚热带型大草原。北连格连查科草原，南接巴塔哥尼亚高原，西抵安第斯山麓，东达大西洋岸。

没有树木的大草原

"潘帕斯"源于印第安丘克亚语，意为"没有树木的大草原"，是南美洲比较独特的一种植被类型。潘帕斯群落，就地带性和气候条件而论，本区适宜树木生长，实际上除沿河两岸有"走廊式"林木外，基本为无林草原。该地冬季温和，最冷月平均气温大于0℃；夏季温暖，最热月平均气温26℃~28℃，气候半湿润至半干旱。

潘帕斯草原由高草组成，包括占优势的禾草植物和不占优势的杂类草，几乎没有乔木和灌木，只在谷底的一些地区有小块森林。这些植物具旱生结构，主要成分为多年生禾本科植物，如针茅属、三芒草属等；双子叶植物有石竹科、豆科、菊科等。草类中占优势的是针茅属、三芒草属、臭草属等硬叶禾本科植物，另有多种双子叶植物。豆科植物少是该群落的一大特点，特有种也较贫乏。地势自西向东缓倾。夏热冬温，年雨量250毫米~1000毫米，由东北向西南递减。以500毫米等降水量线为界，西部称"干潘帕"，除禾本科草类外，西南边缘还生长着稀疏的旱生灌丛，发育有栗钙土、棕钙土，多盐沼和咸水河；东部称"湿润潘帕"，发育有肥沃的黑土。

潘帕斯草原成为南美洲比较独特的一种植被类型的原因，是草原西边的安迪斯山脉阻挡了来自太平洋丰富的降雨，所以只有该草原的西边靠安迪斯山脉一侧狭长地带才有"走廊式"林木，而东部大部分由于雨水的缺乏则只能生长草原。

草原上特色的农庄牧场

阿根廷有成千上万个农庄牧场，像一颗颗璀璨的明珠，星罗棋布地散落在碧绿的潘帕斯大草原，这些农庄成了人们旅游和休闲的去处。

在阿根廷，开办旅游的庄园大多已有上百年甚至几百年的历史。他们之中有的是普通农家牧人的宅院；有些则是历史名人、富豪、将军甚至总统的私宅别墅。他们的旧主人来自世界的各个角落，因此庄园的建筑风格各异。

有的大庄园，如位于恩特雷里奥斯省的19世纪50年代的阿根廷总统乌尔基萨的庄园，占地数十公顷，建筑材料几乎都从法国运来，不仅规模庞大，而且建造精美，可与欧洲王室的王宫相媲美，是不可多得的宫殿式建筑。

普通农牧业生产者的小庄园展示的则是过去时代普通农村的风貌。这些庄园虽然经历了漫长的历史变迁，但基本上保留着原有的历史特色，成为国家重要的历史文化遗产。有的庄园里，不仅保留着原有古色古香的陈设，就连生产设施、仓房、牛栏、酒吧，也依旧是当年旧貌。

阿根廷农牧业的心脏

潘帕斯草原的主要部分在阿根廷境内，少部分在乌拉圭南部。潘帕斯草原以布宜诺斯艾利斯为中心，向西半部扩展，酷似一个极大的半圆形。这里夏无酷暑，冬无严寒，降水量由东向西递减，东部年降水量常在900毫米以上，四季分配亦较均匀，属温和湿润的亚热带季风性湿润气候。这样的气候，有利于农牧业的发展。

潘帕斯草原的大牧场放牧业，是世界大牧场放牧业的典型代表，以牧业为主。这里发展的大牧场规模大，不少经营单位经营

的草场面积在5000公顷以上，经济效益良好。

潘帕斯现大部分已开垦成农田和牧场，盛产小麦、玉米、饲料、蔬菜、水果、肉类、皮革等，是阿根廷最重要的农牧业区，并成为阿根廷政治、经济、交通和文化的心脏地区。该地区集中了全国2/3的人口，4/5的工业生产和2/3以上的农业生产。以布宜诺斯艾利斯为中心，铁路、公路呈辐射状伸向全国各地。牧草丰美的草原到处是白色、黄色、黑色、花色的良种牛群。草原上种植的玉米，大部分是用来饲养牛羊，牛肉产量很高。阿根廷每年要宰杀一千多万头牛，除了大部分供国内食用以外，还大量冷藏出口，牛肉出口量居世界第一。

延 伸 阅 读

石竹科有88属大约2000种植物，大多分布在全球温带地区，有几种分布在热带山区甚至在寒带，都是草本植物。石竹科植物主要分布在欧洲、亚洲和地中海地区，仅有一种生长在南极洲，是南极洲仅有的两种双子叶植物之一。中国有32属400余种。石竹科分为三个亚科：繁缕亚科、石竹亚科、大爪草亚科。

北美大草原

北美大草原小档案

地理位置：落基山脉以东至密西西比河之间，北至加拿大中部，南至得克萨斯州。

重要数据：大草原东西长800千米，南北长3200千米，总面积约130万平方千米。

北美大草原也称普列里草原或北美大平原，普列里源出法

语，大平原之称则来源于美国政府。

北美大草原主要包括了美国的科罗拉多州、堪萨斯州、蒙大拿州、内布拉斯加州、新墨西哥州、北达科他州、俄克拉荷马州、南达科他州、得克萨斯州和怀俄明州，加拿大的草原三省（阿尔伯塔省、曼尼托巴省和萨斯喀彻温省）及墨西哥的一小部分。

温带草原气候下的大草原

北美大草原位于北纬30°~北纬60°、西经89°~西经107°的广大温带平原地区，是世界上面积最大的禾草草地。它从加拿大南部起，纵贯美国中西部，直到墨西哥中部与当地热带稀树草原相接；横向则东起美国伊利诺伊斯州西部和俄克拉荷马州落叶林西缘，西至落基山脉。

大草原外貌走势总体平整而缓缓向东倾斜。位于西经97°～西经98°以东，地势较低的平原可称为内陆低平原，主要在海拔500米以下。其北部冰川广布、湖泊众多，南部由密西西比河下游冲积平原构成主体，较为低平。从东到西，如果按照湿润度和植物高度、种类的变化，可将北美大草原分为三个草原带：高草普列里草原、混合普列里草原和低草普列里草原。

草原上可爱的小生灵

北美大草原的主要植物为针茅属、冰草属、须芒草属、格兰马草属和野牛草属的植物，与欧亚大草原上的植被有些许差异。大草原的植被主要是草，在草原的边缘地带有部分稍大型植物，如丝兰、仙人果等，现在许多草被已辟为农田。

大草原地带多大体形动物，特别是有蹄目，如北美野牛、穆斯登马、叉角羚羊等，后者为该区的特有动物。

啮齿目和爬行类动物相当繁多，前者如黄鼠、土拨鼠、北美洲特有的黑尾土拨鼠等，后者如各种蜥蜴、有毒的响尾蛇等。鸟类中较突出的有黑雷鸟、吐绶鸡、兀鹰、杜鹃等。大部分地区本是美国野牛的家，但它们在19世纪中后期被猎杀到濒临灭绝。

大草原是许多野生动物赖以生存的栖息地，这里生活着北美跑得最快的陆地动物——叉角羚和一种掘洞的土著"居民"——草原犬鼠。

北美大草原上那漫无边际、参差不齐的荒草，漫过东部林地，覆盖了长有稀疏的橡树的平原，一直延伸到裸露出岩石的丘陵地带，织就了一幅变化多端、美丽丰富的大地毯。在这里，青草和野花充分利用了有限的降雨，蓬蓬勃勃地生长着，野火维持了草原生态系统的平衡和发展。

地质地貌奇特的草原

地质其下覆基岩为海相及浅水相的沉积岩，主要由缓缓倾斜的页岩、石灰岩、砂岩等组成，厚度可达5千米。本区大部分表层为年轻的陆相沉积洪积物组成，在北部还被更新世的冰川物质不连续地覆盖，还有黄土沉积物出现。总的来说地质情况比较简

单，地质运动表现不太强烈。

位于内陆低平原和落基山之间的大草原，由于伴随落基山隆起而发生的不等量上升，地势自西向东倾斜，由海拔1800米降至500米。

从整体看地面平展，因受河流切割，形成一系列东西向的河谷地。大致以普特拉河为界，以北地段第三纪岩层多被侵蚀，为一典型的剥蚀平原，冰川地貌分布很广，地形略有起伏，局部地方尚存有点缀于旷野上的少量洼地和低丘。南部中段广泛保存着第三纪的坚硬岩层，地势较高，海拔1500米~1800米，为一残积平原，有高平原之称。

普列利大草原是典型的温带草原，为发展农牧业提供了广袤的空间。

延 伸 阅 读

黑尾土拨鼠又称黑尾草原犬鼠，是松鼠科的成员，不像其他土拨鼠，黑尾土拨鼠并不冬眠。白天活动，善于挖掘洞穴，以草本植物为食。它们的洞穴能根据自然地形分成若干个区，仿佛是一个"城镇"。一个群体通常约占地2公顷，这是"城镇"的一个基本单位。同一集群中的成员共用一条特别建造的地道，领域里的食物也是共享的。

加拿大草原

加拿大草原小档案

地理位置：加拿大草原位于加拿大西部区域一般泛指艾伯塔、沙士吉万和马尼托巴，又称草原三省。

重要数据：该区最大的特征是拥有可以充分发展的区域。覆盖着绿草和金色谷物的波状平原，以及平原下蕴藏着的丰富矿物资源，使加拿大草原三省具有了很大的潜在经济实力。100多年前，这里还处于无人定居的原始状态。20世纪以来，这里的经济发展迅速，人均国民生产总值超过全国水平。成为全国最大的农牧业区，

麦类、甜菜、亚麻、肉类等的产量在全国占突出地位；矿业以开采石油、天然气、煤、钾盐为主，产值居全国首位。农产品和石油加工工业发达，农业机械、化学等工业部门也在发展中。享有"加拿大谷仓和燃料库"之美誉的草原三省前景很辉煌。

加拿大草原概况

加拿大国土面积1030万平方公里，人口3000万左右，从事农业的人口约占全国总人口的3.2%。草原面积约2770万公顷，其中，天然草原1530万公顷，人工草地1240万公顷。

加拿大88%的草原分布于西部的马尼托巴、沙士吉万、阿尔伯塔和不列颠哥伦比亚等省份。天然草原主要用于放牧，人工草地中730万公顷用于生产干草和饲料作物（60%为苜蓿或苜蓿混播草），480万公顷用于放牧，约30万公顷用作牧草种子生产。

　　加拿大草业非常发达，草业产值在农业总产值中占有较大比重。其中，每年的牧草种子产值约1亿加元，脱水牧草产值1.25亿加元，农场用干草（饲料作物）产值25亿加元，干草出口产值8000万加元。另外，加拿大草地畜牧业也非常发达，共有牛1550多万头，其中肉牛580万头、奶牛160万头，还有1200多万只羊和100万只其他草食家畜（马、野牛、鹿等）。

草原上的灭绝动物

　　大草原榛鸡生活在加拿大的草原三省（沙培万，马尼托巴省和艾伯塔省）的广大草原牧区，属于松鸡类。它们在松鸡家族中是中等个儿，雄鸡的体重能够达到1千克，体长0.45米。大草原榛鸡的羽毛非常漂亮，同我国南方饲养的"芦花鸡"毛色非常相

近。雌鸡在脖子的两侧还长着一个气囊，成为大草原榛鸡的显著特征之一。同许多其他种类的松鸡一样，大草原榛鸡在求偶时也会在竞技场上有激烈而有趣的求偶表现。

从1940年起，加拿大就禁止猎杀大草原榛鸡。到了1967年，大草原榛鸡受到了法律保护，但到了1990年，大草原榛鸡突然神秘地从草原三省消失了，虽然来自萨斯喀彻温的观察点仍然报告说发现大草原榛鸡个体曾出现过，但大草原榛鸡的灭绝的确已是不争的事实。研究表明，草地的减少和退化是大草原榛鸡灭绝的主要原因。

加拿的大谷仓

加拿大的粮食主产区是大草原三省，农田面积占全国的3/4，是加拿大的粮仓。那里的年降雨量大致为330毫米~510毫米，通常只有马尼托巴省的雨量较多。这几个省的土壤肥沃，但冬季严寒，无霜期只有100天左右，适宜于硬粒红春小麦和其他耐寒谷类作物（大麦、燕麦等）的生长。这几个省的小麦产量占全国的95%，大麦占全国的90%。出口小麦和大麦几乎全部产自这几个草原省。魁北克和安大略两省属于中部地区，土壤富庶，大部分是冰川冲积土，气候也较温和，降雨量为760毫米~1140毫米，主要生产饲料作物，如玉米、大豆、燕麦和大麦。安大略省西南部是玉米主产区，魁北克省也有生产。其他重要的农作物还有甜菜、烟叶和葡萄等。这两个省还以枫树糖浆著称于世。加拿大是世界最大的粮食出口国之一，也是世界上仅次于美国的第二大粮食援

助提供国。

　　加拿大的农业以家庭农场经营为主，全部集中在南部，尤其是与美国毗邻的400多千米狭长地带，位于北纬49°～北纬53°，那里的土壤以肥沃的棕壤和黑土为主，保肥性状良好。另外一个重要农区是"中部地区"，即安大略和魁北克两省。中部地区是加拿大人口最密集的工业区。农业主要集中在河流盆地，是国家重要的畜牧业基地，主要种植饲料作物。"大西洋沿岸"各省的农业集中在沿岸地区，它的西部地区多山，农耕作业大部分局限于高其地及盆地，主要有养牛业和饲料作物，还有马铃薯、蔬菜等。

延 伸 阅 读

　　阿尔伯塔省按地形划分，可分为四区：西南部的洛矶山脉（Rocky Mountains），东南部的大草原，中部的森林和平原，以及北部一大片渺无人迹的荒地，省内90%的地区为平原；石油、天然气、油砂、煤炭等藏量丰厚；农业与畜牧业资源丰富，是加拿大主要粮食及饲料产地，草原地区养有超过500万头牛只，加拿大将近一半的牛肉产自艾伯塔省；高科技发达，电讯、软件、遥感、纳米科技、生命科学以至畜牧、育种等研究及成就举世闻名。

非洲热带草原

非洲热带草原小档案

地理位置：北起苏丹，南到南非，西起大西洋沿岸，东到印度洋之滨。

重要数据：约占非洲大陆面积的40%，全年高温，一年中有明显的干季和湿季变化。

非洲热带草原是世界上面积最大、发育最好、特征最为典型的热带草原。主要分布在非洲热带雨林的北、东、南三面。

干季与湿季交接的草原

非洲热带草原的气候全年高温，一年中有明显的干季和湿季变化，年降雨量为500毫米~1000毫米，多集中在湿季。干季的气温高于热带雨林地区，各月平均气温在24℃~30℃之间，而且南半球和北半球的热带草原干湿季节变化正好相反。

当雨水终于降临，生命又焕发出活力。一段非常湿润的时间后，雨林很快又占领了这片土地。稀树草原在草地与林地之间反复，变化可能会几年发生一次，或者更短。稀树草原的美在于它对变化适应得非常好，变化带来了多元化。大规模的平原、树林和灌木丛组合在一起带来了庇护所、遮阴处、水潭还有丰富的食物，这里有动物们安全而富饶的天堂，不论天气如何。如此多样化的景观还有一项功劳——这使动物具有了适应性。

雨水迁徙的动物

大部分生活在热带草原的野生动物都善于奔跑。野生动物的特点与他们生活的环境的气候特点：热带草原可以说是终年高温；降水，7月、8月、9月降水相对较多，1~4月和11、12月降水相对较少。热带草原气候分为明显的干季和湿季：湿季时，风调雨顺，植物繁茂，农民的收成很好，生活也不错；干季时，缺水少雨，植物一片枯黄，农民收成不好，生活难以维持。因此，热带草原有涝灾和旱灾的威胁。因而，野生动物只有奔跑能力强才能在干季时迁徙到热带雨林边缘水草肥美的地方继续生存，湿季时再迁徙回来。因此，热带草原上的动物有随着水草迁徙的特征。

狮子和野牛都进化出了应付最干旱条件的耐力，不过偶尔情况也会变得极为严峻——特别是来自印度洋的主要降雨云被远在南非

的天气变化驱散的时候。随即，万物都在挣扎。金合欢的根延伸到了地下30米处去汲取地下水。如果干旱持续下去，最后即使是稀树草原上最顽强的草也会消亡，草地会因为干旱变为沙漠。

在这片开阔的大地上，动物们可以在几千米以外就看到和闻到暴风雨。在牛羚寻找青草的过程中，没有什么可以阻挡它们。这就是牛羚寻找青草的动力，它们甚至在迁徙的过程中交配。交配只持续两到三个星期，而严酷的旅程还要继续。

每年2月雨季之前，这个大兽群位于高原南部，第一次雨过后，它们就进入大草原，到了7月，兽群就进入肯尼亚，9月以后便往回走。

非洲新世界中最年轻的生境

随着时间的推移，许多灌木和树丛都在这些动物鲸吞下获得了修剪。经过踩踏、折断灌木丛和小树，更特别的事物诞生了，那就是我们今天看到的这片美丽而开阔的土地。稀树草原只有500万~700万年的历史，它是非洲新世界中最年轻的生境，再没有其他任何景象像这样戏剧般地由动物塑造而形成。在有些地方，庞大的兽群仍在自由地奔跑，人类时代之前的地球面貌又隐约可见。

　　这里激烈的争斗是开阔的草原上日常生活的一部分，不过这里的一切都在草丛——这种更为强大力量的控制之下。草的适应力很强，富有弹性，生长迅速，它们为动物提供最重要的食物。尽管有大群不同的食草动物，草丛并不会真正遭到破坏。定期的修剪使得比较茂盛的草受到控制，让更多的品种得以生长。不但如此，食草动物吃草会促进草更快地生长。

这个非洲最新的世界的诞生是一系列伟大事件的产物。对于非洲猎豹、瞪羚以及所有生活在那里的生物来说，稀树草原还在变化，每一年、每一季都在变。稀树草原是变化与再生的奇迹。

延伸阅读

非洲的水系主要由尼罗河(赤道向北)和刚果河(中非)流域主宰，总计灌溉非洲近1/4的土地面积。在此两大河流之间的分界处之南是一些大的淡水湖。满布岛屿的维多利亚湖是非洲最大的湖，也是尼罗河主要的蓄水库。坦干伊喀湖和尼亚沙湖是在非洲大裂谷体系的深谷中形成的一串湖泊中最大者，西非的尼日河和南部的尚比西(Zambezi)河以及橘河连同它们的支流构成非洲其余外部水系的大部分。北部的乍得(Chad)湖和南部的奥卡万戈沼泽地(Okavango Swamp)均在非洲两大内陆盆地之中。

南非草原

南非草原小档案

地理位置：分布于南非、博茨瓦纳、莱索托、津巴布韦和赞比亚等地区。

重要数据：年降水量多在380毫米~760毫米之间，年变率可达40%，每隔3年~4年就发生1次旱灾。

南非草原，或称维尔德，源出荷兰语，指各种类型的南非开阔地带。在某些地区与非洲萨旺那有所重复。

草原上的干旱景观

南非草原地面剥蚀较严重，除少数地区外，一般土层薄而贫瘠；降水较少而温度偏高。最冷月（7月）温度为7℃~16℃，最热月（1月）可达18℃~27℃，日照时数可达可照时数的60%~80%，干旱景观突出。

即使是雨季，雨量也不足以供应庄稼生长。野生动物也开始徘徊在田间，毁坏庄稼。气候变化正在改变南非草原和纳米比亚的地理景观，原来草原地区水草丰美、沃野千里，但现在这一地区因气候变化都成了季节性河流，致使河床干枯、耕地缩减。

草原上的地势分化的植被

该草原可以因地势可分3个区：海拔大多在1200米~1800米之

间的高位维尔德分布于南非、博茨瓦纳、莱索托、津巴布韦和赞比亚等地区，其特征植物为孔颖草；海拔在600米~1200米之间的中位维尔德分布于好望角与纳米比亚，植被以耐火植物和高大的多年生禾草及杂类草为主；海拔在150米~600米之间的低位维尔德主要分布于瑞斯瓦尔、斯威士兰及赞比亚的东南部，其植被在较高地区为金合欢等集团树丛与孔颖草草地相间分布，在低地孔颖草则被细草皮草、大戟科植物及其他肉质植物所取代。

东南部的金合欢属豆科，是非洲一种比较特别的科类，上海世博会上，非洲联合馆的设计就来源于此类科目。灌木，高2米~4

米；枝具刺，刺长可达1厘米~2厘米。二回羽状复叶，羽片4对~8对，每羽片具小叶10对~20对，小叶片线状长椭圆形。头状花序腋生，直径1.5厘米，常多个簇生。荚果圆柱形，长3厘米~7厘米，直径8毫米~15毫米。种子多数为黑色。常为二回羽状复叶。许多澳大利亚种及太平洋种的叶小或缺；叶柄扁平，代行叶片的生理功能；叶柄可垂直排列，基部有棘或尖刺。花小，通常芳香，聚生成球形或圆筒形的簇；花多为黄色，偶为白色；雄蕊多数，使花朵外形呈绒毛状。荚果扁平或圆柱形，种子间常缢缩。

头状花序簇生于叶腋，盛开时，好像金色的绒球一般。

低地区的肉质植物，是指植物营养器官的某一部分，如茎或叶或根（少数种类兼有两部分）具有发达的薄壁组织用以贮藏水分，在外形上显得肥厚多汁的一类植物。它们大部分生长在干旱

或一年中有一段时间干旱的地区，每年有很长的时间根部吸收不到水分，仅靠体内贮藏的水分维持生命。

草原上丰富的动物资源

南非草原上的动物资源丰富，有狮、豹、象、长颈鹿、河马、大羚羊以及多种鸟类等。

河马是淡水物种中的最大型杂食性哺乳类动物，原来遍布非洲所有深水的河流与溪流中，现在范围已缩小，主要居住在热带非洲的河流间。它们喜欢栖息在河流附近沼泽地和有芦苇的地方，觅食、交配、产仔、哺乳也均在水中进行，是世界上嘴巴最大的陆生哺乳动物。

河马的身体由一层厚厚的皮包着，皮呈蓝黑色，上面有砖红色的斑纹，除尾巴上有一些短毛外，身体上几乎没有毛。河马的皮格外厚，皮的里面是一层脂肪，这使它可以毫不费力地从水中浮起。当河马暴露于空气中时，其皮上的水分蒸发量要比其他哺乳动物多得多，这使它不能在陆地待太长的时间。出于这个原因，河马必须待在水里或潮湿的栖息地，以防脱水。

大羚羊是非洲体型最大的羚羊，人类远古已特别注意这种羚羊，在不少古代壁画上绘有它们的身影。

大羚羊的身形其实似一头牛多于其他的羚羊，无论雄性或雌性都有角。别以为它们体型庞大便一定行动笨拙，大羚羊曾有一跃跳过8尺围栏的记录。

延 伸 阅 读

南非的气候可以划分为五种截然不同类型的地区：沙漠和半沙漠类型地区、地中海类型地区、热带草原类型地区、温带草原类型地区和雨林类型地区。南非绝大部分地区属于热带草原类型气候，夏季多雨，冬季干燥。南非南北虽然跨越了13个纬度，但南北气温和气候差异并不明显。影响气温的因素主要是地势的高低和洋流的不同。由于受印度洋暖流和大西洋寒流的影响，南非东海岸和西海岸的气候差异非常明显。东部温暖、潮湿，而西部则比较干旱。

东非大草原

东非大草原小档案

地理位置：肯尼亚。

重要数据：面积约有1000多公顷，干热气候。

非洲是人类的起源地，今天，它的文明发展仍然停留在起步阶段。在这片古老的大陆上，现代工业的痕迹非常少，仅仅是原始先民和动物的世界。

草原上最大的野生动物保护区

肯尼亚的玛沙玛拉野生动物保护区，是东非最大的动物保护区，面积达1670平方千米，幅度相当广大。对于习惯了现代生活的都市人来说，坐上老式的吉普车一路颠簸着观光的确是一种全新的体验。

远远的天上飘过来一个热气球，在这里也可以乘坐这种特殊的交通工具俯瞰大草原和草原上的动物。在这样一个与众不同的世界中出现一个花花绿绿的大家伙，虽然很有冒险家的气派，但怎么也是一件很好笑的事情。而且，不亲身踏上这块土地，非洲之旅还有什么意义？

草原上旅游的佳节

东非大草原坐落在肯尼亚，属于热带草原性气候，旱季炎热干燥，雨季时间短，每年的八月和九月是一年之间最好的季节，也是游客最多的时候。

在这里你能体会到最真实的世界和自己，人和动物的关系令人着迷，人与人的关系令人着迷，人与自然的关系让我们惊奇！

金黄的东非稀树草原上，走来一队身披红色披风、手持木棍的马赛人。这是肯尼亚马赛马拉国家自然保护区外一道靓丽的风景。无数游客不远千里来欣赏东非草原美景的同时，也被生活在这里的马赛人所吸引。作为肯尼亚最具代表性的部族之一，马赛

人一直延续着游牧传统。数百年来，他们在非洲辽阔的大地上逐水草而牧，靠围猎而生，过着游牧民族的本色生活。但近年来随着自然生态和社会环境的变化，越来越多的马赛人开始穿梭在传统与现代之间。

草原上的土著居民

保护区内还生活着土著人，这让我们可以一睹非洲真正主人的真实生活。马赛人，是东非现在依然活跃的，也是最著名的一个游牧民族，人口将近100万，主要活动范围在肯尼亚的南部及坦桑尼亚的北部。马赛人属尼格罗人种苏丹类型，为尼罗特人的最南支系，使用马赛语，属尼罗—撒哈拉语系沙里—尼罗语族。

相信万物有灵。马赛人今仍生活在严格的部落制度之下，由部落首领和长老会议负责管理。成年男子按年龄划分等级。从事游牧，牧场为公共所有，牲畜属于家族，按父系继承。

近年来，坦桑尼亚和肯尼亚政府鼓励马赛人定居从事农业生产，已有一小部分人转为半农半牧，并有少数人进入城市谋生。马赛人以肉、乳为食，喜饮鲜牛血，每个大家族都饲养几十头牛，专供吸吮鲜血之用。马赛人盛行一夫多妻制。成年男子蓄发编成小辫，年轻妇女剃光头。近年来，定居的马赛儿童开始上学，已出现少数马赛人知识分子。

如今的马赛人一方面仍然坚持着传统的生活方式，另一方面也更多地加入到了当地的旅游业中。

马赛人住在用红土和牛粪建成的小房子，房子很低，一般没有窗子。当地的旅游发展起来以后，马赛人就不再以狩猎为生，

改为饲养牛羊，有时牛羊和人就住在同一间屋子里。这种相处对人和动物来说也许是最自然的。

与其他旅游地不同的是，玛莎玛拉的马赛人还不会用一些显而易见的小伎俩招徕顾客，他们就是那样自顾自地生活着，无视那些好奇的目光，就如同千百年生活的一样。

那里的生活节奏十分缓慢，衣食无着的人们并没有太多可以努力的对象。矮矮的房屋外倚着的老妇人，岁月的侵袭使得她的黑皮肤看着都有些发灰了，只是那双眼依然是清明的，她并不理睬来来往往的人群，就那么定定地看着一个方向，凝固了，或者多年来就没有移动过。看着那目光，一时便不知心里的哪一个地方有了什么触动。

延 伸 阅 读

马赛人的装束很显眼，男人披"束卡"，实际上是红底黑条的两块布，一块遮着一块斜披在一边的肩上。马赛人女性穿"坎噶"，颈上套一个大圆披肩，头顶带一圈白色的珠饰。她们的耳朵很大，马赛女孩生下来就扎耳洞，以后逐渐加大饰物的重量，使耳朵越拉越长，洞也越来越大。马赛人大部分都缺少两个门牙下齿，这是从小拔掉的，为的是灌药方便。

澳大利亚草原

澳大利亚草原小档案

地理位置：澳大利亚，濒临南大西洋。

重要数据：面积约有1000多公顷，干热气候。

澳大利亚草原因其地形为台阶式的海岸平原，由不高的山地围绕，因而阻挡着湿润的海洋气流的侵入。其中央为低地，海拔100米~200米，年降水量在250毫米以下，主要是大面积的荒漠，约占总土地面积的44%。

草原之国

澳大利亚是草原之国，畜牧业发达。另外，澳大利亚素有"骑在羊背上的国家"之美誉，近200年来，养羊业一直是澳大利亚经济的主要支柱和大宗出口创汇行业。

澳大利亚是世界天然草原面积最大的国家，达4.58亿公顷，也是世界上人均占有土地资源最为丰富的国家，人均农牧业用地27公顷，人均耕地2.8公顷，人均森林和林业用地6公顷。牧场面积占世界牧场总面积的12.4%，天然草场占国土面积的55%。

澳大利亚畜牧业是以天然草地资源获取饲草料的放牧型畜牧业。澳大利亚的草地利用也同样经历了草原自然利用——过度放牧——草场退化沙化——草原科学管理和集约放牧的过程。澳大利亚的大部分草地在20世纪初就已满负荷或过度放牧。但近数十年来经多方努力，过度放牧已逐渐得到控制和改善，对天然草地的利用非常重视，同时，加强人工、半人工草地建设，保持了畜牧业的稳定健康发展。

人工草地和改良草地所占草原面积的比重，是一个国家畜牧业发达程度的重要指标之一。建立人工草地可以大幅度提高草地生产能力，改善草地质量，产草量一般比天然草原高2~5倍。澳大利亚重视人工草地和草地改良，拥有人工草地2667万公顷，占全国草原总面积的58%，在全世界处于领先地位。

干热气候下的草原

因澳大利亚的草原离海近，环境相对温润，植物相对丰富些。

澳大利亚广大干燥区的热带草原通常以三齿稃草为主，丛生草的底部捕捉风吹沙，形成典型的圆丘。北方较湿的草原区以黄茅属和高粱属为主，米契尔草属广布于季节性干燥区，尤其是在东部断裂的黏土上。

其他禾草种类通常是次要的，但可能支配着某些地方。木本植物可能数量太多，让植被不能被视为真正草原。

米契尔草原一度单纯得多，直到家畜密集放牧使情况改变为止。如今，大片地区已被人类引进的非洲灌木刺槐入侵。

草原上的有袋类动物之王

澳大利亚草原最大的土生动物是袋鼠，其中以红袋鼠最大，这种动物在典型情况下出现于可见天然草原的干燥内陆区。然而，从其他大陆引进的哺乳动物已变得同样常见，包括牛、绵羊等家畜，还有骆驼、马、驴、山羊等野生动物。

欧洲兔也是分布广而破坏性强的，主要捕食者为澳洲野犬；爬虫类非常多样，尤其是蜥蜴；鸟类包括大型不飞的鸸鹋，还有各式各样的鹦鹉和飞行动物。

红袋鼠又名大赤袋鼠。这类袋鼠是袋鼠科中体型最大的一种，产于澳大利亚及其附近岛屿，是澳大利亚的特产动物之一。

红袋鼠其实只有雄性体色是红色或红棕色，其雌性体色都呈蓝灰色。它们一般1.5岁~2岁成熟，寿命20年~22年，被列入濒危野生动植物国际公约附录上。红袋鼠全年均可繁殖，经过艰苦的

"十月怀胎"——袋鼠的孕期为343天，一般产下一仔。

袋鼠前肢短小，后脚长而有力，行进时，完全以后脚来跳，大尾巴则保持平衡。

它们善于跳跃，能跳7米~8米远，1.5米~1.8米高。如果它们去参加奥运会，一定能拿到"跳高和跳远冠军"。大袋鼠喜欢搞"小团体"，往往是结小群生活于草原地带，活蹦乱跳地在夜间觅食各种草类、野菜等。

延 伸 阅 读

澳洲野狗这一物种并不局限分布于澳大利亚本土，野生种群主要生存在澳洲和泰国，有部分群落分散分布在东南亚其他地区和新几内亚。澳洲野狗具有优雅的长脚，动作非常敏捷，其运动、速度和耐力都极优秀。澳大利亚的澳洲野狗往往比亚洲的野狗大，浓密的尾巴比其他野狗更近似狼，该物种具有食肉类动物才具有的较大的犬齿。除了捕食鼠、兔等哺乳动物外，狗群经常合作捕猎大型猎物。

新西兰草原

新西兰草原小档案

地理位置：太平洋西南部的新西兰。

重要数据：约为135千米。

新西兰草原四周是绿色的原野，公路两边，视野开阔，丘陵起伏，全是牧场。

草原上的世界牧场

新西兰草原上的新西兰牧场是世界上最著名的牧场，这里的牧场机械化生产、科学管理，每年鹿茸、羊肉、奶制品和粗羊毛的出口值皆为世界第一。

畜牧业是新西兰经济的基础，新西兰农牧产品出口量占其出口总量的50%，鹿茸生产量占世界总产量的30%。

新西兰畜牧业用地为1352万公顷，占国土面积的一半。乳制品与肉类是新西兰最重要的出口产品。新西兰渔产丰富，是世界第四大专属经济区，200海里专属经济区内每年捕鱼潜力约50万吨。

今天，畜牧业是新西兰的主导产业，传统的畜牧业以牛、羊为主，主要产品为羊肉、肉牛、羊毛、乳制品和皮革制品，而鹿、山羊、鸵鸟、骆驼等是近年来出现的新型家畜行业。新西兰的牧场农场广泛分布于南北两岛，草场主要是混合牧草，以白二叶草和黑麦草为多，也有红三叶和鸡脚草。

按照草的生长期限又分多年生和一年生以及两年生。另外在冬季以及圈养的牛羊，大麦、干草、青贮发酵饲料、麸皮、乳清等也是饲料。

以农林牧产品加工为主，主要有奶制品、毛毯、食品、酿酒、皮革、烟草、造纸和木材加工等轻工业，产品主要供出口。农业高度机械化。主要农作物有小麦、大麦、燕麦、水果等。粮食不能自给，需从澳大利亚进口。畜牧业发达，是新西兰经济的基础。

新西兰是经济发达国家，以畜牧业为主。畜牧业产品出口收入占出口总收入60%以上，是新西兰的经济基础，羊肉和奶制品出口量居世界第一位，羊毛出口量居世界第二位，粗羊毛产量占世界总产量的40%。

草原奇特的四翅槐

新西兰的牧场，丘陵近于山地，地势坡度起伏大，而且长满了树。新西兰的树，生长极有特色。辽阔的牧场上，或独立寒秋，或几棵横排，或密集的一片，这是与呼伦贝尔草原最明显的不同之处。新西兰的树种也是中国不常见的，最独特的是主杆又粗又矮，树冠巨大的一类，这类树叫"四翅槐"。

千里牧场，绿草茵茵，四翅槐独立其间，构成异域最具特色的风情。新西兰的畜牧业起始于1814年。当年，英国移民将两头

奶牛和一头公牛带进新西兰，以满足基本的生活需要。随着牲畜的不断繁衍和牧场的逐步扩大，带动了养牛业与奶业等畜牧业的发展。

独特的地理环境和技术的不断创新与改造，使得新西兰畜牧业得到了快速的发展。为防止牲畜进入公路，两边牧场都设有围栏，围栏或用原木，或用木板做成，有的围栏刷成白色，田园牧歌，极具情调。

草原牧场上的独特风情

牧场的围栏里，有马匹，最多的是散漫其间的牛群和羊群。头顶蓝天白云，脚下绿野无垠，牛群星散，羊群如织，映入眼帘的除了诗情就是画意。

牧场人家，是原野上独立的宅院，建造精良，纤尘不染，一

看就是发达国家的水平。

呼伦贝尔草原，中国特色，新西兰牧场，异域风情。中国的草原，无论是内蒙古，还是新疆的天山牧场，总摆脱不了干旱的影子，冬天则是狂风暴雪，零下几十度的严寒；新西兰牧场，风调雨顺，得天独厚，从来不知干旱为何物。

驼羊，是新西兰特有的品种，长着长长的脖颈，美丽的大眼睛和色泽亮丽的毛绒。世上最好的羊毛是中国的藏羚羊，其次，就是新西兰的驼羊了。

在牧场还有很多果树，牧场主除了饲养牛羊等外，还种植了很多果树。我在国内还没有见过猕猴桃树，在这个牧场里看到了它。新西兰牧场，无言的美，让人叹为观止。

延 伸 阅 读

驼羊曾分布在南美的西部和南部，是南美四种骆驼形动物中最有名的一种。驼羊的肩高有1.2米，驼羊体重70千克~140千克，它的身上长着优质而浓密的长毛。驼羊喜欢栖息在海拔高的草原和高原上，最高海拔可达5000米。驼羊喜欢小群生活在一起，一般5只~10只。驼羊从不到树林和多岩的地方去，主要以草为食。驼羊性情机警，视觉，听觉，嗅觉均很敏锐，奔跑速度也很快，每小时可达55千米。

维多利亚州牧场

维多利亚州牧场小档案

地理位置：位于澳大利亚东南端。

重要数据：全澳大利亚2/3的新鲜牛奶、奶酪和其他奶制品都来自这里的牧场。

维多利亚州的牧场主要集中在沿海地区和穆理河流域，因为紧靠海洋，气候温暖湿润，所以拥有良好的植被和丰美的草原。维多利亚州也因此成为澳大利亚最大的奶源地和奶制品生产地，全澳大利亚2/3的新鲜牛奶、奶酪和其他奶制品都来自这里的牧场。

澳洲最大的乳制品产地

维多利亚州有着大片的牧场，因为有潮湿气候的滋润，这里的牧草肥美，乳制品业发达，维多利亚州也因此成为澳洲最大的乳制品产地。澳洲之行，一路野生的袋鼠和考拉很常见，可见当地优越的生态环境。在去往牧场之前，我们早已被美如图画的澳洲草原震撼了，那些在蓝天白云、青青草原背景下悠闲吃草的牛羊，就是自然、生态、纯净的最好定义，其实除了自然条件得天独厚，巨资投入的灌溉系统也是丰美草原的保证，这样牧民们不必担心偶尔的干旱，不用逐水草而居。

在维多利亚州有两个牧场，一个位于瓦南布尔，另一个是位于科布勒姆的迈高牧场。在迈高牧场，挤奶、集奶、运奶到工厂加工的全过程，可以体现澳洲乳业的规模化、现代化和数字化。

迈高乳业集团始建于1950年，是澳大利亚最大的乳品加工企业，拥有2700个奶牛场和分布在维多利亚省以及塔斯马利亚省的8个生产工厂。这些牧场的规模从几十头奶牛到几千头不等，是维多利亚州牧场规模上比较大的一间。

"牛性化"的养殖

在牧场时天还没亮，四周寂静，只有挤奶车间亮着灯。一进车间，就看到一个转动的巨大圆盘上站满了奶牛，颇为热闹，每只奶牛的乳房上都装了自动挤奶器。奶牛们排着队进入圆盘里一格一格的挤奶位置，进入后栅栏门会自动关上。奶牛的面前摆放着配好的饲料，工作人员将吸奶器固定在牛的乳头上，然后挤奶器就会自动挤奶，挤出的牛奶顺着软管流到冷藏储奶罐中。

待奶牛的乳房被挤空后，由于压力的变化，吸奶器会自动掉落，这时候圆盘差不多转了一圈，奶牛面前的饲料也吃光了。之

后栅栏门会自动打开，奶牛就会走出挤奶设备，顺着一条通道走出。观看了整个过程，感觉奶牛们舒服惬意，有条不紊，从容安详，看来挤奶设备设计得很"牛性化"。

为了保证奶牛的乳头不受污染，很多奶牛的尾巴都被剪短，这样就不会扫到乳头上，牛尾上的秽物也不会污染乳头。自动化的挤奶设备和清洁的生活环境不仅保证了牛奶的质量，同时也减少了奶牛患乳腺炎的机会。

在迈高牧场里，不幸患上乳腺炎的奶牛不会轻易使用抗生素，打了抗生素就必须停掉一个月的奶。这些措施都由维多利亚乳品安全局负责监管实施，该体系是世界上最严格的监管体系之一。

好牛奶的味道

小牛们很可爱，长得就像小鹿。看奶牛们的奶都被挤奶设备挤空，我们都有一个疑问："小牛们吃什么呢？"牧场工作人员回答："其实小牛每天大约只需要11升牛奶，而母牛每天可产奶30升，所以，不必担心母牛们的奶都被吸走，小牛会因此饿肚子。其实就和人一样，母亲的乳汁也是越吸越多的。挤奶越多产奶也就越多，这些小奶牛根本吃不完。每次挤奶完毕后，会专门放出一部分奶来喂小牛。"

正说着，收奶的灌装车来了。迈高牧场运奶的罐装车都是冷藏车，运奶车每天出发前和运奶结束以后都会进行彻底清洁，看起来锃光瓦亮。

运奶车到达以后，要等待挤奶完全结束才能装奶。给普通奶牛挤完奶，清洁完挤奶设备后，工人们还要给刚刚生完小牛的奶

牛挤奶，这些奶会被单独储存起来，那就是珍贵的牛初乳。

等挤奶车间清洁完毕，收奶车的司机就开始工作了。司机先将运奶罐装车的运输管拉出，连接在储奶罐上，然后通过储奶罐中的标尺观察储奶罐中的奶量，再取出运奶车冷藏柜中的样品瓶，给牛奶取样。

整个运输过程是全程冷藏的，保证牛奶从挤出后就是全密封冷链。只有满足了这种运输储存条件，才能将牛奶制成巴氏鲜奶。

澳大利亚的牧场大多是世代相传的产业，牧民们也都是迈高集团的股东，一百多年的信誉、责任以及迈高的荣辱与他们息息相关。牧场从草种的选择、牧草种植到奶牛的喂养、挤奶都在精心控制之下，得天独厚的自然条件以及现代化的养殖技术使这些牧民们脸上洋溢着幸福和满足。

延 伸 阅 读

巴氏鲜奶指采用巴氏灭菌法加工的牛奶。巴氏灭菌法是根据对耐高温性极强的结核菌热致死曲线和乳质中最易受热影响的奶油分离性热破坏曲线的差异原理，在低温下长时间或高温下短时间进行加热处理的一种方法。